MathStart®
洛克数学启蒙❷

MathStart®
洛克数学启蒙 ②

时间到了

[美]斯图尔特·J.墨菲 文　　[美]约翰·斯皮尔斯 图　　漆仰平 译

海峡出版发行集团　福建少年儿童出版社
THE STRAITS PUBLISHING & DISTRIBUTING GROUP　FUJIAN CHILDREN'S PUBLISHING HOUSE

认识时间

送给贾斯廷，他的每时每刻都充满了快乐。

——斯图尔特·J.墨菲

献给布罗迪、杰玛和丹尼斯。

——约翰·斯皮尔斯

著作权合同登记号：图字 13-2023-038号

图书在版编目（CIP）数据

洛克数学启蒙.2 时间到了 /（美）斯图尔特·J.墨菲文；（美）约翰·斯皮尔斯图；漆仰平译. -- 福州：福建少年儿童出版社，2023.9

ISBN 978-7-5395-8099-9

Ⅰ.①洛… Ⅱ.①斯… ②约… ③漆… Ⅲ.①数学-儿童读物 Ⅳ.①O1-49

中国国家版本馆CIP数据核字(2023)第005833号

LUOKE SHUXUE QIMENG 2 · SHIJIAN DAO LE

洛克数学启蒙2·时间到了

著　者：[美]斯图尔特·J.墨菲 文 [美]约翰·斯皮尔斯 图 漆仰平 译
出 版 人：陈远 出版发行：福建少年儿童出版社 http://www.fjcp.com e-mail:fcph@fjcp.com 社址：福州市东水路 76 号 17 层（邮编：350001）
选题策划：洛克博克 责任编辑：曾亚真 助理编辑：赵芷晴 特约编辑：刘丹亭 美术设计：翠翠 电话：010-53606116（发行部） 印刷：北京利丰雅高长城印刷有限公司
开　本：889 毫米 ×1092 毫米 1/16 印张：2.5 版次：2023 年 9 月第 1 版 印次：2023 年 9 月第 1 次印刷 ISBN 978 7 5395-8099-9 定价：24.80 元

时间到了

7:00 A.M.

起床时间到——伸个大大的懒腰。

4

上学时间到——快点！快点！

8:00 A.M.

5

学习时间到。

9:00 A.M.

6

这是和朋友一起玩耍的时间。

10:00 A.M.

现在是放学回家的时间。

现在是正午。"午饭时间到啦。"

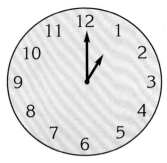

1:00 P.M.

故事时间——我最喜欢的时间。

对我来说，接下来是安静时间。

3:00 P.M.

很快就到了跑跑跳跳的时间。

荡高高的时间。

4:00 P.M.

帮助大人做家务的时间。我尽力了。

晚饭时间到了——噢，讨厌，是豌豆！

现在是洗澡时间，可我身上不脏啊！

16

接下来是睡觉时间，可我一点儿也不困！

9:00 P.M.

关灯了。四周漆黑一片！

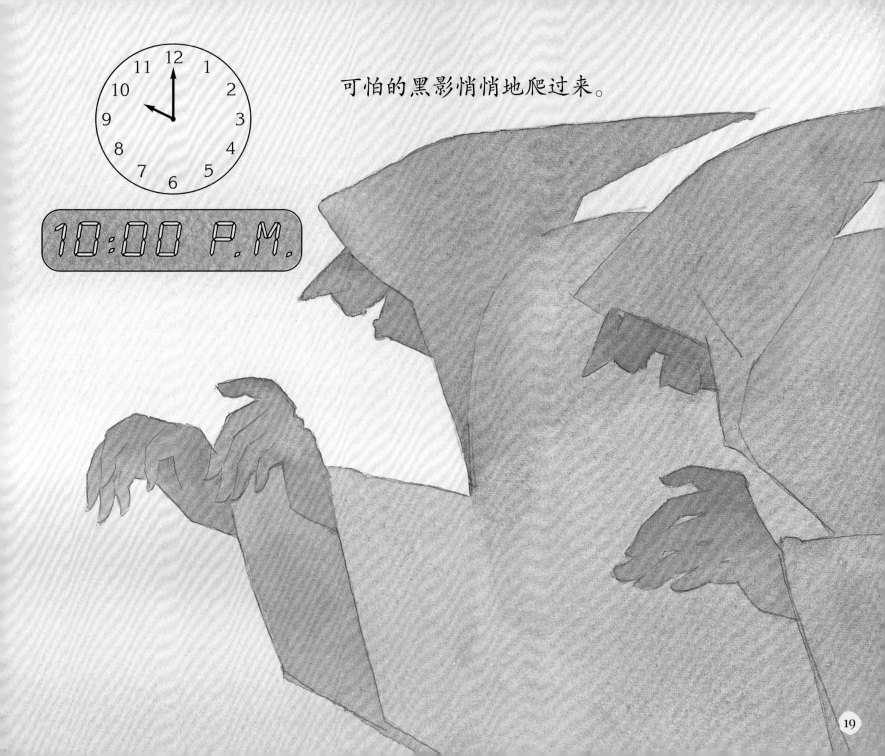

可怕的黑影悄悄地爬过来。

10:00 P.M.

11:00 P.M.

我的怪兽朋友会保护我。

现在是午夜——他来了！

我的怪兽朋友还带来了很多好伙伴。

1:00 A.M.

"聚会时间到！"他们大喊大叫。

2:00 A.M.

23

拍拍手，跳跳舞，转个圈，摇呀摇。

3:00 A.M.

爬爬跳跳！跌跌撞撞！

4:00 A.M.

25

到了你们离开的时间啦！

现在是温暖舒服的被窝时间。

6:00 A.M.

7:00 A.M.

起床时间到——伸个大大的懒腰。

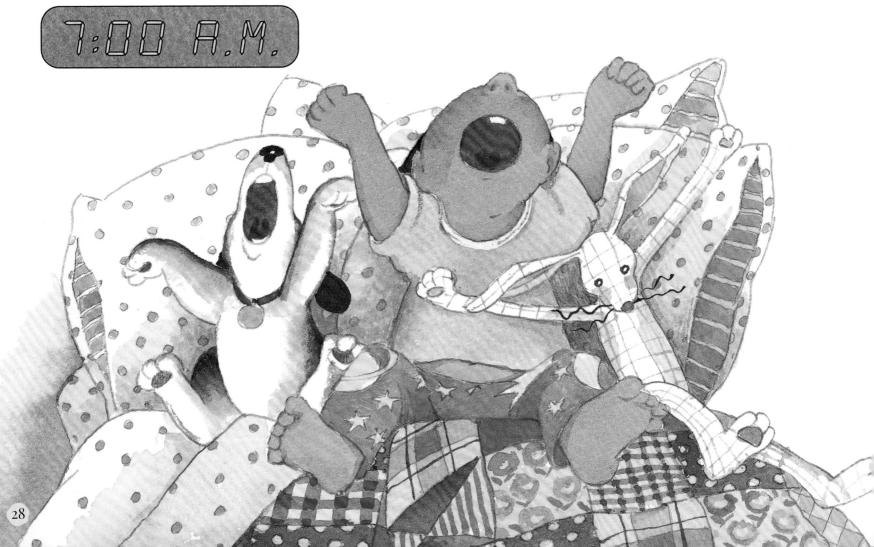

28

新的一天开始了。

7:00 A.M.

8:00 A.M.

9:00 A.M.

10:00 A.M.

3:00 P.M.

4:00 P.M.

5:00 P.M.

6:00 P.M.

11:00 P.M.

12:00

1:00 A.M.

2:00 A.M.

30

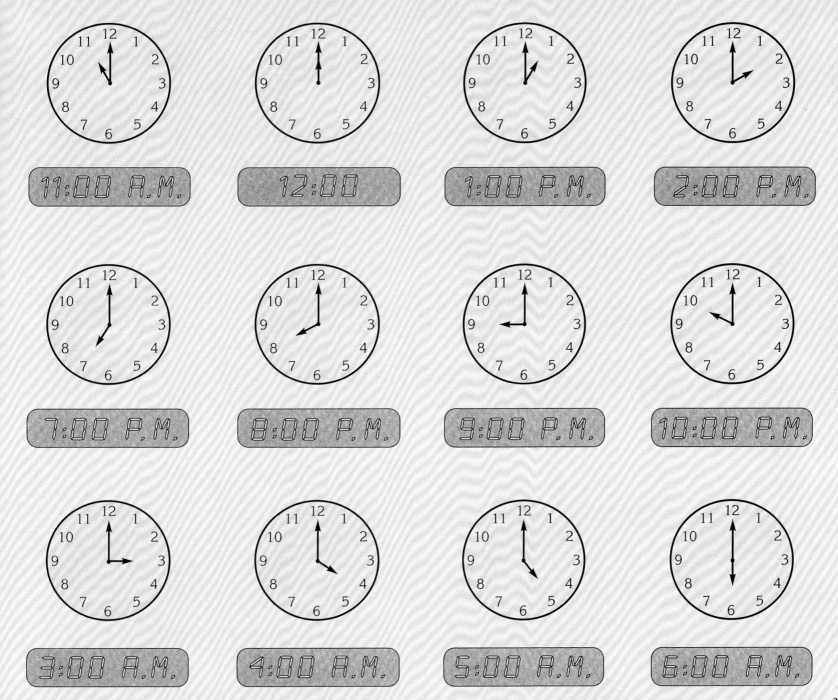

11:00 A.M.

12:00

1:00 P.M.

2:00 P.M.

7:00 P.M.

8:00 P.M.

9:00 P.M.

10:00 P.M.

3:00 A.M.

4:00 A.M.

5:00 A.M.

6:00 A.M.

写给家长和孩子

　　《时间到了》中所涉及的数学概念是认识时间。认识数字钟表和有长短针的时钟，是日常生活中的一项重要技能。掌握这一技能的第一步是学会认识整点时间，理解时间的流逝。

　　对于《时间到了》中所呈现的数学概念，如果你们想从中获得更多乐趣，有以下几条建议：

　　1. 向孩子解释一天有24个小时，而表盘上只有12个数字，从凌晨0点到晚上12点，时钟的时针要走两圈。

　　2. 重读故事之前，给孩子找一个有长短针的时钟和一个只显示数字的时钟，并解释它们分别是如何表示时间的。接下来，在家里再找找其他不同类型的时钟。

　　3. 当你和孩子一起读故事的时候，把有长短针的时钟放在身边。这样，孩子就可以移动钟面上的指针来对应故事里的时间。

　　4. 让孩子在纸上画出时钟表盘，分别表示出他起床、上学、吃晚饭和睡觉的时间。在每个表盘旁边写上数字时间，比如上午 7:00。

　　5. 告诉孩子一个时间，比如下午 5:00，问问孩子一个小时后将是几点，或者一小时前是几点。

如果你想将本书中的数学概念扩展到孩子的日常生活中，可以参考以下这些游戏活动：

1. 画出时间：让孩子画一张画，展示自己在一天中的不同时间里所做的各种活动，帮助孩子把时间写在每张画上。

2. 电视时间：打印一张电视节目表，让孩子找到他最喜欢的节目，聊聊每个节目开始和结束的时间。

3. 现在是几点：说一项特定的活动（例如午餐或午睡），让孩子告诉你什么时候开始。如果表述正确，就换孩子来说一项活动，由你来说活动开始的时间。

4. 时钟拼贴：在杂志上找到指针位置不同或数字显示不同的时钟图片，把这些图片贴在一张卡片上。让孩子圈出显示整点时刻的图片。

洛克数学启蒙

1

《虫虫大游行》	比较
《超人麦迪》	比较轻重
《一双袜子》	配对
《马戏团里的形状》	认识形状
《虫虫爱跳舞》	方位
《宇宙无敌舰长》	立体图形
《手套不见了》	奇数和偶数
《跳跃的蜥蜴》	按群计数
《车上的动物们》	加法
《怪兽音乐椅》	减法

2

《小小消防员》	分类
《1、2、3，茄子》	数字排序
《酷炫 100 天》	认识 1~100
《嘀嘀，小汽车来了》	认识规律
《最棒的假期》	收集数据
《时间到了》	认识时间
《大了还是小了》	数字比较
《会数数的奥马利》	计数
《全部加一倍》	倍数
《狂欢购物节》	巧算加法

3

《人人都有蓝莓派》	加法进位
《鲨鱼游泳训练营》	两位数减法
《跳跳猴的游行》	按群计数
《袋鼠专属任务》	乘法算式
《给我分一半》	认识对半平分
《开心嘉年华》	除法
《地球日，万岁》	位值
《起床出发了》	认识时间线
《打喷嚏的马》	预测
《谁猜得对》	估算

4

《我的比较好》	面积
《小胡椒大事记》	认识日历
《柠檬汁特卖》	条形统计图
《圣代冰激凌》	排列组合
《波莉的笔友》	公制单位
《自行车环行赛》	周长
《也许是开心果》	概率
《比零还少》	负数
《灰熊日报》	百分比
《比赛时间到》	时间